DES EAUX
DE CAPBERN,

A

L'OCCASION D'UN ARTICLE QUI LES CONCERNE,

INSÉRÉ

DANS L'ANNUAIRE DU DÉPARTEMENT DES HAUTES-PYRÉNÉES,
POUR L'ANNÉE 1845.

Par J.-P. Tailhade,

MÉDECIN DE LA FACULTÉ DE MÉDECINE DE MONTPELLIER,
INSPECTEUR DE CES MÊMES EAUX.

TARBES,

IMPRIMERIE DE F. LAVIGNE.

— 1845. —

DES

EAUX DE CAPBERN,

A

L'OCCASION D'UN ARTICLE QUI LES CONCERNE,

INSÉRÉ DANS L'ANNUAIRE DU DÉPARTEMENT DES H[tes]-PYRÉNÉES,

POUR L'ANNÉE 1845,

PAR J.-P. TAILHADE,

Médecin de la Faculté de Médecine de Montpellier, Inspecteur de ces mêmes Eeaux.

TARBES,

IMPRIMERIE DE F. LAVIGNE.

1845.

AVANT-PROPOS.

———⟡———

Dans le but d'être utile à nos baigneurs, j'avais commencé la traduction d'une brochure qu'un médecin anglais, le docteur FARR, vient de publier sur nos eaux (1), lorsqu'on me communiqua un article qui leur est, on ne peut plus défavorable, et qui se trouve consigné dans l'Annuaire du département des Hautes-Pyrénées (page 255) pour l'année 1845. Comme ni ma position, ni mes convictions intimes, ne me permettaient de laisser passer inaperçues, des assertions aussi contraires à la vérité, et qui d'ailleurs étaient publiées dans un livre que l'étranger, arrivant parmi nous, se hâte ordinairement de se procurer, j'ai dû nécessairement les réfuter; me bornant, dans ce nouveau travail, à extraire de la brochure

---

(1) A practical essay on the mineral waters of Capbern, in the Pyrenées, in which their extraordinary effects, in a circumscribed but important class of diseases is shewn to be from their containing manganese, with a recommendation to their employement for the cure of gout and as an expulsive agent and probable solvent for urinari calculi.

By D. Farr, auctor of the Climate of Nice.
NICE 1845.

du médecin anglais, les passages qui pouvaient corroborer ma réfutation.

J'aurais désiré, et l'on en sentira facilement la raison, n'avoir à m'occuper que des eaux de Capbern; mais la manière positive dont l'auteur de l'article en question affirme qu'elles sont chimiquement les mêmes à peu près que celles de Bagnères, qu'il donne à entendre être néanmoins médicalement bien supérieures, m'a forcé à parler de ces dernières. J'espère qu'on me rendra la justice de convenir que je l'ai fait avec l'impartialité qui doit toujours être le propre de celui qui cherche la vérité de bonne foi et sans prévention.

Quoique l'auteur de l'Annuaire soit censé être aussi l'auteur de l'article sur nos eaux, qui y est consigné, je traite cependant ce dernier d'anonyme. J'ai dû penser en effet, que l'auteur connu de l'Annuaire n'étant pas médecin, il n'avait pas rédigé le passage non signé, de son livre, qui est l'occasion de ce petit travail.

On ne trouvera pas extraordinaire, je pense, que, dans les considérations qui vont suivre, je m'étaie de l'opinion de deux médecins étrangers : le docteur Taylor et le docteur Farr. Il est bien naturel que, dans une matière où ceux qui ne me connaissant pas pourraient croire que mon plus grand intérêt n'est pas la vérité, je prenne mes mesures de manière à laisser, quant à mes motifs, le moins de vraisemblance possible à une interprétation défavorable.

Quelque peu de mérite qu'il y ait dans cette composition, en quelque sorte improvisée, j'espère qu'elle sera cependant de quelqu'utilité aux étrangers qui fréquentent nos eaux. Dans tous les cas, elle n'aura pas été sans intérêt pour moi; puisqu'elle m'aura fourni l'occasion de m'occuper des lieux qui m'ont vu naître, que je me rappelle toujours avec bonheur, et dont, depuis que j'en suis sorti, j'ai souvent dit avec Manzoni : *Quanto é tristo il passo di chi cresciuto tra voi, s'en allontana. I promessi sposi.* T° 1° (1).

(1) Combien s'éloigne tristement celui qui, grandi parmi vous, est obligé de vous quitter!

DES

EAUX DE CAPBERN,

A

L'OCCASION D'UN ARTICLE QUI LES CONCERNE,

Inséré dans l'Annuaire du département des H^{tes}-Pyrénées, pour l'année 1845.

On doit se souvenir qu'un historien est
fait pour décrire et non pour inventer,
qu'il ne doit se permettre aucune supposi-
tion. — BUFFON, *Théorie de la Terre.* T. 1.

L'ÉTABLISSEMENT de Capbern a acquis, depuis quelques années, un développement tel qu'il ne peut plus
suffire aujourd'hui aux besoins des nombreux malades qui s'y rendent, et qu'on travaille, dans ce moment, à en agrandir les dimensions.

En effet, depuis ce que le docteur Taylor a écrit
sur nos eaux (1), et qui vient au reste, d'être confir-
mé par le docteur Farr, son compatriote (2), et, s'il
m'était permis de me compter pour quelque chose
dans ce progrès, depuis la publication de mes lettres
sur Capbern (3), dont j'ai distribué gratis plus de
400 exemplaires; depuis qu'un riche propriétaire,

---

(1) On the curative influence of the mineral waters of Pyrénées.
(2) At practical essay on the mineral waters ofs Capbern. etc.
(3) Lettres médico-topographiques sur Capbern et ses eaux minérales, 1836.

M. Quéheillalt, a terminé ses vastes et confortables
constructions, que M. Justin Lac... compare aux
villas italiennes (1), depuis enfin un commencement
d'amélioration de nos routes, Capbern n'est plus cet
Établissement villageois dont parle le professeur Ali-
bert (2), dans un article où l'on ne sait lequel admi-
rer le plus, ou de ses inexactitudes ou de sa sévérité.
Cet Établissement, en effet, est aujourd'hui fréquenté
par des étrangers de distinction, et la renommée de
ses eaux, loin de se borner à la contrée qui les possède, s'est étendue à des pays lointains, et il nous
arrive des malades qui ne craignent pas de franchir
une distance de plus de 200 lieues pour jouir des fa-
veurs de notre Naïade bienfaisante. Aussi, comme tout
ce qui prospère et qui grandit, cet établissement est-il
en bute aux attaques de certaines personnes parmi
lesquelles il en est quelques-unes qui lui ont fait du
mal peut-être, et d'autres qui ont voulu, mais n'ont
pu lui en faire. Parmi les premières on doit placer, je
crois, ces caractères moroses, mécontents de tout,
mais pourtant de bonne foi, qui, jaloux de penser par
eux-mêmes, sans doute parce qu'ils ont un peu de ce
noble orgueil qui faisait s'écrier le Corrège, *Anch'io
son pittore,* regardent l'opinion publique comme un
tyran auquel ils auraient honte de s'asservir, et re-
jettent obstinément ce que tout le monde admet,
comme ils blâment sans mesure, ce que tout le monde
loue. Natures difficiles et bizarres, ces esprits excen-

---

(1) Lettre à M. le Rédacteur de l'*Écho des Vallées* n° du 8 mai 1845.
(2) Précis historique sur les eaux minérales les plus usitées.

triques ne font grace ni aux gloires passées, ni aux réputations contemporaines; et on les voit s'armer également de leur sévérité inflexible, et contre ceux qui vivent, et contre ceux qui sont morts; mais on leur rend au moins cette justice, que leur conscience préside à leurs jugements et qu'ils rougiraient de dire ou d'imprimer un mot qu'ils n'auraient pas pensé : on peut les improuver, les blâmer, même les plaindre; on ne cessera pas pour cela de les estimer.

Il n'en sera pas de même de ces complaisants gagés qui, pour une rétribution souvent modique, quelquefois passable, mais toujours honteuse, se mettent au service de certains intérêts, et s'engagent à faire une guerre sans trève à tous ceux qui y sont opposés. Qu'on parle, en leur présence, des objets de leurs antipathies ou de ceux de leur prédilection, vous les verrez lancer d'un côté, leurs impitoyables ou leurs pitoyables anathèmes, ou entonner d'un autre, les hymnes triomphantes de leurs bruyantes apothéoses.

Enfin, on rencontre assez souvent dans le monde, des gens qui, froissés dans leur amour-propre, par la conscience de leur nullité, croient la faire oublier sans doute, en se mettant en état d'opposition contre tout ce qui jouit de quelque estime ou de quelque faveur. Leurs moyens sont les voies détournées, les voies obliques, le mensonge, voire même la calomnie : toutes armes qui leur conviennent d'autant plus qu'elles sont en rapport de leur nature, et qu'elles leur servent à faire un peu de bruit, à se soustraire momentanément au moins, à l'obscurité plus qu'ordi-

naire où ils végétèrent de tout temps, à révéler enfin
le secret d'une existence ignorée, et à lui faire franchir le vol du chapon où elle s'était toujours modeste-
ment confinée ; heureusement que leur faiblesse met à
l'abri de leurs atteintes, et qu'il ne leur reste de toutes
leurs tentatives, que la honte d'avoir voulu nuire à
côté de leur impuissance à y réussir.

En parlant de ces différents types, mon intention
je l'avoue, a été, non pas de faire entendre que l'auteur anonyme de l'article auquel je réponds, pourrait
bien s'y rapporter : Dieu m'en garde ! mais seulement de prémunir contre l'influence des individus
qu'ils représentent, les personnes qui pourraient y
être exposées. Je les leur signale, je les leur dénonce ;
c'est à elles à les éviter. Qu'elles soient bien certaines
que ces individus, qui tranchent aussi lestement des
questions qui pourraient être au moins controversées,
sont loin d'être compétents pour les décider.

En effet, cette compétence n'est pas l'affaire d'un
moment ; elle ne s'acquiert pas dans un jour, quoiqu'en prétendent certaines gens et même certains médecins, qui veulent qu'aussitôt qu'une eau minérale
est chimiquement connue, elle le soit aussi médicalement. Je n'irai pas me mettre en frais d'érudition,
pour prouver combien une pareille prétention est gra-
tuite. L'on me permettra seulement de rapporter, à
cet égard, une anecdote que je trouve à la pag. 30 de
la brochure du docteur Farr, sur nos eaux. Je tra-
duis mot à mot : « Il y a dix ans, à peu près, qu'une
» nouvelle fontaine fut découverte dans une petite

» ville du Jura où l'on n'avait jamais vu un seul cas
» de goître. Quelques mois après, vingt-neuf cas se dé-
» clarèrent. On consulta les médecins de Genève, et
» l'auteur parmi le nombre. Tous décidèrent que la
» source serait fermée. Depuis lors, il ne se déclara
» plus aucun cas de goître. On porta à Génève de
» l'eau de la source en question, laquelle analysée
» par quatre des plus habiles chimistes de cette mo-
» derne Athènes, n'offrit rien qui ne se trouvât dans
» l'eau qu'on y buvait communément, et qui n'avait
» jamais produit de goître (1). »

On le voit, la chimie a été tout-à-fait impuissante
ici. Elle a été complètement muette sur les conditions,
quelles qu'elles fussent, sur lesquelles on avait le plus
grand intérêt à s'éclairer ; et toutes les grandes lumières qu'elle a répandues, toutes les importantes ré-
vélations qu'elle a faites, se sont réduites à ceci : que
l'eau en question, qui bien certainement avait produit
les cas de goître observés, était en tout semblable à
celle qu'on buvait à Génève, et qui n'en avait jamais
produit; on pourrait rapporter mille autres exemples
d'analyse où la chimie a gardé le même silence : cela
ne servirait de rien, les chimistes persistant à regarder

(1) About ten years ago a new fontain was opened in a small town of the
Jura in which no case of goître had ever appeared, a few months afterwards
twenty nine cases were declared, several medical men at Geneva were con-
sulted, myself amongst the number, we ordered the fountain to be closed
since which, no new case of goître has occurred. This water was brought down
to Geneva, and analysed by four of the ablest chemists that modern Athens
could boast, and nothing more was found in it than in the water commonly
drank ad Geneva which never produced goître.

leurs décompositions, en fait d'eaux minérales, non-seulement comme très-importantes, mais même comme indispensables. On a beau leur dire, leur répéter à satiété, qu'il n'existe pas un exemple, un seul exemple, d'analyse dont sa synthèse ait sanctionné l'exactitude, je ne dis pas pour les eaux dont nous ne saurions imiter tous les principes, mais même pour celles dont nous pouvons les reproduire; que nos moyens de décomposition, le feu, les réactifs, modifiant puissamment le jeu des affinités chimiques, une analyse doit nécessairement donner lieu à des résultats qui ne sauraient représenter la véritable constitution de l'eau analysée, ainsi que l'ont proclamé Murray, Fourcroy et Lavoisier; qu'enfin il est démontré aujourd'hui, pour quiconque est de bonne foi et sans prévention, que la chimie n'a pu, dans aucun temps, faire faire un pas à la thérapeutique des eaux minérales (1) non plus qu'à la physiologie et à la patholgie humaines, malgré les récentes prétentions de l'illustre chimiste de Giessen à les faire relever de cette science; on a beau, dis-je, leur faire toutes ces observations; comme il n'y a pas de pires sourds que ceux qui ne veulent pas entendre, ils n'en tiennent aucun compte; ils vont toujours, et continuent à marcher imperturbablement, dans une voie sans résultat possible pour le bien.

Quelles sont donc, nous dira-t-on, les données sur

(1) Voyez à ce sujet, la pag. 13 du rapport fait à l'Académie royale de médecine sur les eaux minérales de France, pendant les années 1834, 35 et 36 par Mérat. Je pense que les plus fougueux partisans de l'analyse ne déclineront pas cette autorité. Voir aussi Patissier, p. 19.

lesquelles on peut se fonder pour établir les vertus d'un pareil agent? Mais ces données sont les mêmes que celles qui nous dirigent dans la détermination des propriétés d'un modificateur quelconque : je veux dire l'expérience, ce fil conducteur qui guida Bacon, Newton, Leibnitz et bien d'autres, et leur fit substituer, à une philosophie vaine et imaginaire, une philosophie plus rationnelle et plus positive; l'expérience enfin, dont on traduira le langage en observations bien circonstanciées, c'est-à-dire qui énoncent exactement toutes les conditions d'âge, de sexe, de tempérament, d'Idiosyncrasie, de constitution individuelle, d'état organique, de température atmosphérique, de constitution médicale, d'ancienneté du mal, de remèdes déjà tentés, et surtout de manière d'agir de l'eau expérimentée, etc. ; car une eau minérale agissant, dans des cas semblables, d'une manière bien différente, souvent même opposée (1), il ne suffira pas de dire qu'elle a guéri une telle maladie; il faudra encore noter les circonstances que nous avons signalées, sous peine d'omettre des documents es-

---

(1) Il est tel médicastre qui se figure que parce qu'une eau a guéri une fois, elle doit guérir toujours, et qui ne se doute nullement de toutes les précautions, de tous les soins dont il faut entourer un malade pour qu'il retire de cette eau tout le fruit qu'il est en droit d'en attendre. Il ignore toute l'attention qu'il faut mettre, tantôt à modérer ou à activer l'action de l'eau, tantôt à la diriger sur tel système en en préservant tel autre, tantôt enfin à modérer ou à provoquer la susceptibilité en général, ou celle de quelqu'organe en particulier, et mille autres pratiques auxquelles il n'a jamais songé, persuadé qu'il est qu'une fois arrivé près de la source salutaire, on n'a qu'à se livrer sans souci à son infaillible efficacité.

sentiels, et de fournir des observations qui ne ressembleront pas plus à des observations médicales que des guénilles à des habits (1).

Si la chimie n'est que d'une autorité bien secondaire dans la détermination des propriétés médicales d'une eau minérale, et si, comme nous venons de l'établir, c'est seulement aux faits pratiques, à l'observation clinique à faire la base d'un code sur cette matière, on peut assurer d'avance et sans crainte de se tromper, que l'anonyme n'était guère en position de porter un jugement quelconque, favorable ou défavorable, sur nos eaux; par cela même, je pourrais borner ma tâche aux considérations qui précèdent et finir ici mon travail; cependant, comme en général, on n'est pas, à cet égard, aussi convaincu que je le suis, je vais examiner plus en détail, les assertions de l'anonyme dans l'article que je combats.

Ces assertions sont de deux sortes : les unes relatives à l'Établissement de Capbern, sous le rapport des commodités de la vie, et les autres, aux propriétés médicales de nos eaux. D'après les premières, « notre » Établissement n'offre encore que peu de ressources » aux visiteurs, sous le rapport du confortable. Le » nombre des maisons où l'on reçoit les étrangers, ne » dépasse pas quatre ou cinq; enfin un édifice par trop » modeste sert à l'exploitation d'une source saline que » l'on est obligé de faire chauffer pour le bain. » Il

(1) Ce sont pourtant de pareils lambeaux dont récemment j'ai été accusé de m'être emparé, par un quidam, à qui un de ses amis disait avec autant de vérité que de malice : « Le meilleur moyen que vous ayez de desservir le docteur T., c'est de laisser croire que vos deux observations sont de lui. »

faut en convenir, le portrait n'est pas flatté; mais il n'en est pas pour cela, plus ressemblant ni plus conforme à la vérité; nous avouerons cependant, avec toute la franchise que nous sommes décidé à apporter dans cette discussion, que, quant au bâtiment des bains, l'anonyme a raison en partie. En effet, quoiqu'on y trouve des baignoires en cuivre, fort commodes et très-revenantes, dont le nombre sera à l'avenir porté à 27; quoique ce bâtiment soit tenu avec toute la propreté désirable, il n'en est pas moins vrai que nous sommes encore à y attendre d'importantes améliorations : ainsi nous manquons d'une salle d'attente pour le bain, d'un cabinet de secours, d'un cabinet de lecture (1), de bains de vapeur et d'un système complet de douches. Il est vrai encore, que quoique notre vallon soit très-boisé et qu'il puisse ainsi offrir à l'étranger des frais ombrages et d'agréables abris contre la chaleur du jour, nous sommes pauvres néanmoins en fait de promenades près de l'Établissement, quoiqu'elles y soient très-nécessaires; il semble même, il faut bien le dire, qu'on prenne à tâche de rapetisser le local où l'on pourrait en établir une, en le consa-

(1) Tout le monde convient que, pour ces améliorations, un premier serait nécessaire dans le bâtiment des bains; j'en avais dans le temps, obtenu la délibération du conseil municipal de la commune. Je ne sais quel mauvais génie la fit rapporter plus tard, sous prétexte d'une trop forte dépense. Ce qu'il y a de singulier à cet égard, c'est que, pendant qu'on se montrait si parcimonieux pour ce qui était indispensable, on ne faisait pas de difficulté d'être prodigue dans la construction d'une chapelle qu'on aurait pu bâtir avec 6 ou 7,000 fr. et dont on porta le devis à 15,000 fr. à peu près. Il y a des gens qui prétendent qu'il n'y a en cela rien que de très-conséquent. J'ignore s'ils ont raison.

crant à des bâtiments qu'on aurait pu tout aussi bien élever ailleurs : je veux parler de la chapelle dont la construction nous enlève un terrein précieux, qui aurait servi à des allées fort agréables près de l'Établissement. Ce sont là des inconvénients, nous en convenons; mais il faut espérer qu'avec le bon vouloir de notre excellent Préfet pour tout ce qui est utile au public et avantageux au pays, ces inconvénients ne seront que provisoires, et que nous n'aurons pas long-temps encore à élever les réclamations que nous avons fait entendre, lorsque nous fumes consulté sur les additions dont on s'occupe en ce moment.

Au reste on pourvoirait, à peu de frais, à ce qui manque à Capbern, sous le rapport des promenades; car, comme c'est principalement dans le taillis, en face des maisons, que ces promenades devraient être ouvertes, le bois qui en proviendrait couvrirait les dépenses des travaux; ou si la valeur en était insuffisante, le peu qu'il faudrait y ajouter ne balancerait pas certainement les agréments qu'on trouverait dans des sentiers tournants qu'on pratiquerait dans le taillis en question, ni ceux que produirait une longue allée pratiquée suivant le cours du ruisseau, et qui, dans un vallon où la chaleur est quelquefois insupportable, offrirait, avec le doux murmure d'une eau qui fuit à travers les rochers, du frais, de l'ombre et des berceaux, qui ne le céderaient pas à ceux que rappellent ces vers d'un poète Italien :

Ecco non longhi un bel cespuglio vede,
Chiuso d'al sol, fra l'alte quercie ombrose,

Cosi vuoto nel mezzo che concede
Fresca stanza, fra l'ombre piu nascose,
E la foglia co'rami in modo é mista
Ch'el sol non v'entra, non che minor vista.

ORLANDO FOR°. (1)

Au reste, sans avoir recours à des légendes imagi-
naires, sans se mettre en frais de phrases intempes-
tivement romantiques, sans invoquer enfin la poésie
de notre vallon, on peut tout uniment assurer que
le séjour n'en est pas du tout désagréable. En effet,
le petit groupe de maisons blanches qu'on y rencontre
et qui, se dessinan à travers les arbres qui les entou-
rent, lui donne, vu de la hauteur, l'aspect d'un chalet
ombragé par la plus fraîche verdure, produit d'abord
une impression satisfaisante qui n'est pas démentie
plus tard, quand on arrive dans les habitations. Ici,
l'on n'en s'aurait disconvenir, la vue est bornée par
un horizon resserré; mais si l'on monte sur la crête,
on s'y procure les plus attrayantes perspectives; et
l'on peut, de ce point, jouir d'un très-intéressant
spectacle, sans l'acheter, ainsi que cela arrive sur
nos Pyrénées, par ces émotions fortes et remuantes
qui vous bouleversent, et qui, par cela même, vous
affectent péniblement.

Quant à ce que dit l'anonyme du peu de ressources
qu'offre Capbern, sous le rapport du confortable,
ceux qui y sont venus et qui y ont séjourné savent à

(1) Non loin, sous des chênes touffus, il découvre un massif de verdure à
l'abri des rayons du jour, et au milieu un espace vide, offrant une aimable
fraîcheur sous un ombrage solitaire que forment le feuillage et les rameaux tellement entrelacés ensemble, que ni le soleil ni la vue ne sauraient y pénétrer.

2

quoi s'en tenir. Ils n'ont pas oublié qu'on y trouve, à des prix très-modérés, des appartements qui se font remarquer par beaucoup de fraîcheur et par une propreté qu'on est souvent bien loin de rencontrer dans des Établissements plus importants ; ils savent encore, que, sous le rapport de l'alimentation, on trouve à l'Hôtel des Pyrénées, à l'Hôtel de France, à l'Hôtel de la Paix, et même ailleurs, des tables parfaitement servies, et pour une rétribution assez modique. Enfin, et je ne crains pas d'être démenti, il est peu d'Établissements thermaux dans nos Pyrénées, où l'on soit mieux qu'à Capbern, et il en est beaucoup où l'on n'est pas aussi bien. Le docteur Farr, qui parle d'après sa propre expérience, dit qu'on y trouve des provisions en abondance. *It is well supplied with provisions.*

Enfin, à entendre l'anonyme, nos moyens d'hospitalité seraient bien peu de chose à Capbern, puisque le nombre des maisons ne dépasserait pas quatre ou cinq... Pour le coup, s'il fallait juger des autres renseignements consignés dans l'Annuaire, par l'exactitude de ceux qu'il fournit ici, il faudrait convenir que ce livre offrirait un singulier genre de mérite, et que, quant aux détails qu'il donne en cet endroit sur Capbern, l'auteur les aurait extraits de la relation de quelque touriste qui l'aurait visité, il y a 60 ou 80 ans. En effet, si par ces quatre ou cinq maisons, il entend toutes celles qui composent le petit bourg de la source, il se trompe complètement, puisqu'on en y compte une quinzaine, ou construites ou en construction. Il est dans l'erreur encore, s'il entend parler seulement des hôtels où l'on reçoit la classe riche, puisque ces hôtels.ne sont qu'au nombre de trois. Au reste quelle que soit des deux idées de l'anonyme, celle qu'on adopte, on ne voit pas trop comment on pourrait loger à Capbern, les trois cents personnes dont parle le docteur Farr, dans sa brochure, lorsqu'il affirme qu'il y existe trois Hôtels et des logements pour plus de trois cents personnes. *There are three hotels, and accomodation will be found for more than 300 persons.*

On vient de voir que jusqu'ici les renseignements fournis par l'anonyme, sur notre Établissement, ne se distinguent pas par un grand caractère d'exactitude; voyons si l'on doit compter d'avantage sur ceux qu'il offre, lorsqu'il parle des vertus médicales de nos eaux. Nous allons copier encore; car, sans cette précaution, on pourrait peut-être croire à des suppositions de notre part :

« Les eaux de Capbern, dit-il, renferment les mêmes » principes minéralisateurs que les sources salines » de Bagnères-de-Bigorre, avec cette différence, que » le fer, que les premières possèdent presque toutes, » dans des proportions plus ou moins fortes, manque, » à peu près totalement, dans les secondes. » C'est le contraire de ce qu'il dit, que l'auteur a sans doute voulu dire. Autant de mots presqu'autant d'erreurs. En effet, loin que ces eaux soient même chimiquement identiques, l'oxigène que celles dé Capbern contiennent en assez grande proportion, et dont celles de Bagnères sont dépourvues, fait des premières une classe

à part et les distingue, non-seulement, des secondes,
mais encore de toutes celles des Pyrénées. En second
lieu, les eaux de Capbern contiennent une matière
organique dont il n'y a pas un atome dans celles de
Bagnères. Les eaux de Capbern, d'après le docteur
Farr (1), contiendraient de l'acide carbonique en plus
grande quantité que ce que les analyses publiées jusqu'ici leur en accordent; et celles de Bagnères n'en
offrent que peu ou pas du tout. Enfin, il y a des sources à Bagnères qui ne contiennent pas de fer, d'autres qui en contiennent quelques millièmes de grain
plus que celles de Capbern, et d'autres qui en contiennent moins. Était-ce donc la peine de faire sonner si
haut la présence de ce métal dans les unes, pour en
dépouiller les autres? Ce n'est pas tout, et les eaux de
Capbern ne se distingueraient pas seulement par l'oxigène qu'elles renfermeraient; il faudrait encore, suivant le même docteur Farr, en faire un ordre à part,
sous le rapport du manganèse qui entre dans leur
composition (2).

Ainsi donc, contre ce qu'en dit l'anonyme, les eaux
de Capbern diffèrent essentiellement de celles de Bagnères, chimiquement parlant; et comme on ne saurait établir aucune identité thérapeutique entre deux
eaux où l'analyse aurait découvert les mêmes principes minéralisateurs, comme on le pourrait encore

---

(1) I find by reference to my memoranda, that they contain more carbonic
acid gas, than any published analysis has yet given to them. p. 26.

(2) To the presence of manganese in the mineral springs of Capbern, we
are indebted for their peculiar poweres. p. 2.

moins si elle en y avait constaté de différents, il s'en-
suit que, médicalement, il n'y a pas plus de ressem-
blance entre les eaux de Bagnères et celles de Capbern, qu'il n'en existe chimiquement; cependant d'a-
près l'anonyme, ces eaux seraient absolument les mêmes. Cette prétention jettée là comme en passant et
sans qu'on semble y attacher quelque importance, ne
laisse pas que d'avoir une certaine portée que, dans
l'intérêt de la vérité, nous devons tâcher de mettre à
découvert. En effet, si les eaux de Bagnères sont les
mêmes que celles de Capbern, il ne sera plus nécessaire de donner, dans certains cas, la préférence à
ces dernières, et l'on pourrait aller à Bagnères où
l'on guérirait pour le moins aussi bien, et où l'on
trouverait d'ailleurs des agréments que ne saurait offrir l'autre localité. Cela n'est pas formulé, j'en con-
viens, en propres termes dans le texte de l'anonyme;
mais un pareil sens résulte évidemment de son article
pris en bloc; car il est facile de s'apercevoir que l'auteur a une préférence marquée pour les eaux de Bagnères (1) et qu'il les place bien au-dessus de celles

---

(6) Le docteur Fontan, qui en a fait l'analyse, ne leur est pas si favorable
tant s'en faut. Voici ce qu'il en dit en parlant des eaux de Bade. « Bade, si
» je puis m'exprimer ainsi, peut être considéré comme le Bagnères-de-Bigorre
» des provinces Rhénanes : on y vient bien plus pour s'y distraire que pour
» s'y guérir ». (Recherches sur les eaux minérales de l'Allemagne, de la
Belgique et de la Savoie.) [Annales de chimie et de physique.] Nous ne
sommes pas de son avis. Il n'est pas peut-être exact de dire que, parce que
l'analyse ne décèle que peu de principes dans une eau minérale, cette eau
soit inerte pour cela; on sait que les eaux de Forges ont fourni à l'analyse
des principes à peine appréciables, et cependant il est bien positif qu'elles

de Capbern; aussi il insiste avec complaisance sur ce qu'à Bagnères les eaux sont animées d'une quantité de calorique *nécessairement invariable*, tandis qu'à Capbern, on administre les bains chauffés artificiellement.

Mais ne dirait-on pas qu'on n'en donne à Capbern que de chauds ou de tempérés; que les malades n'en ont jamais besoin d'autres et que les bains froids ou frais sont tout à fait inusités ou inutiles? L'anonyme ignore-t-il donc l'enthousiasme qu'a fait naître, dans ces derniers temps, une méthode prétendue nouvelle, dont on fait honneur à un vétérinaire de Grœffenberg, quoiqu'hippocrate et d'autres médecins après lui, l'eussent bien avant pratiquée, et qui consiste à traiter certaines maladies par l'eau froide (1)? L'anonyme serait-il, par hasard, du nombre de ceux qui n'attachent d'importance qu'aux eaux fortement thermales? mais que ferons-nous de celles qu'on est obligé de chauffer, et qui, quoique plus froides encore que celles de Capbern, voient cependant, chaque année, d'innombrables malades accourir à leurs sources? Je soupçonne fort que, dans ces Établissements, parmi lesquels il y en a qui sont de premier ordre, on doit quelquefois, souvent même, donner des bains à la température naturelle; et que quand on en donne de chauds ou de tempérés, ce doit être, selon toutes les apparences, en les chauffant artificiellement. Quoi-

---

guérissent les écrouelles. En définitive c'est aux faits cliniques à juger la question, et ils l'ont depuis long-temps jugée en faveur des eaux de Bagnères.

(1) N'est-ce pas par cette méthode qu'Antonius Musa guérit Auguste d'une maladie cruelle qui le tourmentait depuis long-temps?

qu'il en soit, toujours est-il qu'à Capbern, on en donne beaucoup à la température naturelle. Il est vrai que nous en donnons aussi beaucoup d'artificiellement chauffés ; mais si, souvent, nous mêlons l'eau chaude à l'eau de notre source (mélange dont l'expérience au reste a constaté l'efficacité), souvent en revanche à Bagnères, on est forcé de mêler l'eau froide à l'eau chaude, ou d'attendre, comme à Louèche, comme à Bade, que le bain soit refroidi. Or je le demande, quelle différence y a-t-il entre mêler de l'eau chaude à de l'eau froide ou de l'eau froide à de l'eau chaude ? aucune. Quel avantage possèdent donc les localités où l'on a des sources à 40, 45, 50° et au-dessus, sur celles où les eaux sont froides ou peu thermales ? Aucun, puisque, dans l'un comme dans l'autre cas, il y a un mélange à faire. Mais continuons à citer : « aussi, une foule d'affections » nerveuses, de maladies subinflammatoires du ven- » tre, d'affections presqu'aiguës de la peau, guéris- » sent-elles aussi bien à Capbern qu'à Bagnères-de- » Bigorre, *quand, à force de soins et une attention soute-* » *nue du malade*, on lui administre des bains chauffés » artificiellement. »

Quel que soit notre respect pour les opinions d'autrui, nous ne pouvons nous empêcher de remarquer que les assertions de l'anonyme, ici, sont fondamentalement erronnées. Et d'abord remarquez que quelques maladies légères, légères entendez-vous, quelques misères d'affections nerveuses, des maladies presqu'inflammatoires, des affections presqu'aiguës guérissent à Capbern comme à Bagnères, *quand, à force de soins et une attention soutenue du malade* etc. Cette restriction fait entendre deux choses : l'une que, sans cette attention soutenue, les affections, même légères, ne guérissent pas à Capbern ; l'autre, que le malade est obligé de se soigner lui-même dans notre Établissement, où sans doute on ne nous fait pas la grace de croire qu'il y ait un médecin pour le diriger. Mais où l'anonyme a-t-il trouvé que des affections nerveuses fussent traitées par nos eaux ? Qui a pu lui dire qu'elles jouissent de quelques vertus dans ces maladies ? Est-ce que le moindre paysan des environs ne sait pas qu'elles y sont souverainement contraires? Ignore-t-on qu'il nous arrive, presque toutes les saisons, de renvoyer, de notre Établissement, des personnes atteintes de nevroses essentielles, que nos eaux exaspèrent infailliblement, et de les diriger sur St-Sauveur, quand les malades ne veulent pas, à cause de l'état où se trouve le Bouridé, se contenter des eaux de cette source si éminemment précieuse et qui, le plus souvent, soulage ou guérit dans ces cas (1)? Il y a plus, et des malades atteints d'affections curables d'ailleurs par nos eaux, mais doués d'un tempérament nerveux, ne les supportent que difficilement si l'on ne les y dispose pas par quelques bains domestiques, et si l'on ne

---

(1) On vient de faire faire un plan de bâtiment pour cette source, et il est à remarquer que pendant que, sous prétexte de trop fortes dépenses, on refuse au bâtiment de la *Houndt-Caoude*, un premier qui y est indispensable, on en accorde un au bâtiment du *Bouridé* où il est complètement inutile, et qu'on porte à 40,000 fr. le devis de cet édifice. Il y a encore ici des gens qui soutiennent qu'il n'y a en cela, rien qui ne soit très-conséquent.

mêle pas aux eaux quelques décoctions hypnotiques qui ont pour effet de diminuer la susceptibilité nerveuse. Mais citons encore.

« Quelques personnes veulent absolument *imposer* » aux eaux de Capbern une spécificité d'action dans » le traitement des maladies du sang, j'emploie l'ex- » pression vulgairement admise, mais ne songent pas » que l'énoncé seul de cette propriété contient deux » propositions qui se réfutent l'une par l'autre. » A la lecture d'un pareil exposé, je me suis demandé si l'anonyme était médecin ou ne l'était pas. En effet, s'il est médecin, on doit être quelque peu surpris, je pense, que, pour fixer l'opinion publique sur le mérite d'un agent à la connaissance duquel tout le monde est intéressé, il s'en soit rapporté à une tradition populaire qui est de nulle valeur dans la science; et s'il n'est pas médecin, on doit être plus surpris encore qu'il se soit imposé la tâche d'éclairer les autres sur ce qu'il ne pouvait pas connaître lui-même. Au reste, dans l'une comme dans l'autre hypothèse, et pour donner sur notre Établissement des renseignements sur lesquels on eut pû compter, l'auteur de l'Annuaire aurait dû, ce semble, s'adresser à des personnes en position de les lui fournir. Dans un pareil but, et avant d'écrire sur nos eaux, MM. les docteurs Taylor et Farr, me firent l'honneur de me demander, l'un et l'autre, des notes sur leurs propriétés. Je m'empressai de les leur transmettre; et je vois, avec satisfaction, qu'elles ne leur ont pas été inutiles. Ce que je fis pour ces messieurs, je l'aurais fait avec plaisir pour l'auteur de l'Annuaire, s'il avait daigné me consulter. Revenons aux *maladies du sang ;* car enfin, puisque l'anonyme s'est servi de cette expression, nous sommes bien forcé à nous en servir nous-même. Et d'abord nous ferons observer que *les maladies du sang* ne consistent pas toutes, comme il le dit, dans la pléthore et l'anœmie. La crase du sang, c'est-à-dire son plus ou moins de plasticité, les différentes acrimonies dont il peut être imprégné, constituent encore des éléments de maladies qui, pour être niés par les solidistes, n'en existent pas moins réellement. Ne pourrait-on pas aussi, en faisant leur part aux solides, ranger, parmi les maladies de cette humeur, son mouvement trop prononcé vers certains organes dans certaines circonstances, ainsi que ses stases dans quelques parties du système vasculaire, dans d'autres? Or nous convenons avec l'anonyme que lorsque l'anœmie est essentielle (distinction qu'il n'a pas faite), nos eaux non-seulement sont impuissantes, mais même nuisibles. Cette distinction, je l'avais faite dans mes notes au docteur Farr, et ce médecin a dit dans sa brochure : *si la peau est pâle et presque dépourvue de sang, si le tissu cellulaire est édémacié ; dans un pareil état, les eaux de Capbern, sont fortement contre-indiquées* (1).

Mais alors, me dira-t-on, pourquoi les prescrit-on si souvent contre les pâles-couleurs? Par la raison bien

(8) If the skin appears pale, and nearly exsanguineous, and the cellular tissue is œdematous, in such a state, I say, the Capbern waters are strongly contraindicated. Capbern Waters. p. 27.

simple que, très-souvent, cette maladie se trouve sous
la dépendance d'une cause, d'un état pathologique
curable par nos eaux. Je m'explique : n'est-il pas vrai
que, dans beaucoup de cas, l'imperfection de l'hématose se trouve liée à l'atonie de l'estomac et est,
par cela même, sous l'empire de mauvaises diges-
tions? N'est-il pas vrai encore que, dans beaucoup d'autres cas, cette hématose est placée sous l'influence de
la faiblesse du poumon, qui, dans l'acte de la respi-
ration, n'étant pas pénétré d'un degré suffisant de
vitalité, et ne pouvant par conséquent faire subir au
sang les modifications, les changements, qui sont le
résultat de la fonction qu'il remplit, doit nécessairement présider à une sanguification vicieuse? Certes,
il n'y a pas de médecin qui, pour si peu répandu qu'il
soit, ne réponde affirmativement à ces deux questions. Eh bien! dans ces deux états, qu'on pourrait
appeler chlorose indirecte, nos eaux, par le pouvoir
qu'elles ont de ramener les fonctions digestives à
leur état normal, par la propriété (qu'un médecin
chimiste ne manquerait pas de rapporter à la proportion d'oxigène qu'elles contiennent), par la propriété
qu'elles possèdent de stimuler fortement la poitrine,
nos eaux, dis-je, triomphent le plus souvent; tant il est
vrai que l'estomac d'abord, et le poumon ensuite,
ont du retentissement et de la portée dans l'exercice
des fonctions de la machine (1)! c'est cette action puis-

---

(1) Cette influence s'étend même jusqu'au moral. En latin *Pectus;* en por-
tugais *Peito* et *Estomago* sont synonymes de courage, de valeur. Camoens a
dit :

Que eu canto o peito illustre lusitano.

Os Lusiadas canto 1°, *estancia* 3ª.

sante de nos eaux sur l'estomac et, par voie de suite, sur tout le système abdominal , qui en fait une spécialité qui ne peut être rivalisée selon nous , ni par Bagnères, ni par aucun autre Établissement des Pyrénées , et qui les rend efficaces plus que dans quelques affections nerveuses, contre lesquelles nous ne les prescrivons jamais ; plus que dans quelques maladies *presqu'inflammatoires*, et enfin plus que dans quelques affections *presqu'aiguës* de la peau , dont il nous vient peu de malades à Capbern. C'est cette influence puissante dont j'ai expliqué le mécanisme, si je puis parler ainsi , dans la 7e lettre de ma brochure sur nos eaux, qui fait que nous traitons avec succès , d'abord certaines maladies qui ont leur cause et leur siége dans ce système , telles que la langueur et la faiblesse de l'appareil digestif, la gastrite , l'hépatite chroniques ; les obstructions du foie, de la rate, du mésentère, du pancréas (quoique le docteur Franz-Xaver Muhlbauer prétende, dans un journal allemand (1), que cette dernière glande n'est susceptible que de l'élargissement de son canal excréteur, de l'atrophie et de la dégénération graisseuse), les engorgements hemorroïdaux, certaines suppressions menstruelles, la gravelle , le calcul, maladies dans lesquelles leur efficacité est devenue proverbiale ; le catarrhe de la vessie, de l'urèthre, et enfin une infinité de maladies des organes du bas-ventre qu'il serait trop long d'énumérer ici.

Ce serait peut-être le cas de répondre à un re-

(1) Allegemine zeitung fur chirurgie, innere heilkunde und hire hulfswissenschaften.

proche qui m'a été fait dans le temps par le docteur
Peyriga (1), d'avoir trop restreint, dans ma brochure
sur les eaux de Capbern, les maladies qui sont du
domaine de ces eaux. J'aurais pu me justifier en lui
disant que n'ayant pas voulu faire du roman, mais de
l'histoire, je n'avais dû parler que des maladies contre
lesquelles une expérience positive et non équivoque
m'avait démontré l'efficacité de nos eaux; qu'ainsi je
ne pouvais mentionner, comme il l'a fait dans sa lettre, outre certaines autres maladies, les névroses de
l'estomac, par exemple, le spasme, la gastralgie, le
vomissement : maladies dans lesquelles nos eaux sont
impuissantes, nuisibles même, si ces maladies sont essentielles, ou, en d'autres termes, si elles ne dépendent pas d'une cause curable par ces eaux.

Le docteur Farr, lui, au rebours du docteur Peyriga, semble croire que les effets *extraordinaires* des
eaux de Capbern se bornent à une classe circonscrite,
mais importante de maladies (2), et que c'est plus que
de l'absurdité que de vouloir appliquer ces eaux ou
d'autres quelles qu'elles soient, à des maladies où
elles ne sont pas rigoureusement applicables. Certes,
non plus que le docteur Farr, je n'entends pas faire
une panacée de nos eaux; mais on ne peut pas, on
ne doit pas pour cela, en borner l'usage à trois ou

---

(1) Voir sa lettre à l'*Écho des vallées*, dans le n° du samedi 1er octo-
bre 1836.

(2) It is worse than absurdity to ettempt to extend the application of these,
or any other mineral waters, to diseases to which they are not strictly appli-
cable. Cap. Wat. p. 3.

quatre maladies ou causes de maladies qu'il assigne, quand l'expérience journalière démontre qu'on peut un peu plus le généraliser. Que si elles sont souveraines, il faut bien trancher le mot, dans la gravelle, dans le calcul et dans les engorgements hémorrhoïdaux, dans certains cas de suppressions menstruelles; que si de plus, ainsi que le prétend le docteur Farr et comme j'ai des raisons de le penser moi-même, elles peuvent être utiles chez les goutteux et même chez les personnes atteintes de rhumatisme, ce caméléon en médecine (1), surtout quand ces maladies se rattachent à la suppression des hémorroïdes, ou à des congestions du système de la veine-porte, ce n'est pas une raison, pour cela, d'en négliger l'emploi dans une infinité d'autres cas où l'on peut en tirer un parti précieux.

Puisque j'en suis sur le chapitre des justifications, je veux, avant d'en finir, répondre à un autre reproche que le docteur Farr m'adresse, en commun avec le

---

(1) Il est peu de maladies au sujet desquelles on ait plus divagué, dans certain pays, d'où nous viennent ordinairement les plus singulières prétentions. Ainsi, selon M. Bouillaud, le rhumatisme se complique toujours de l'endocardite et de la péricardite, complication qu'il appelle *loi de coïncidence*; tandis que M. Gendrin a vu des rhumatismes sans cette complication, que MM. Chomel et Requin nient aussi être fréquente. Quant à M. Thirial, il reconnait aussi ladite loi, mais il attribue cette sublime découverte à Broussais, qui l'avait signalée, dit-il, dans son examen des doctrines médicales. Selon M. Gendrin, le rhumatisme se traite par de fortes doses de nitre, et selon M. Bouillaud par de fortes saignées coup sur coup. Le docteur Thirial prétend que le rhumatisme est de nature inflammatoire; le docteur Requin dit qu'il ne doit pas être rangé parmi les phlegmasies proprement dites. M. Bouillaud pratique dans cette maladie les saignées abondantes faites coup sur coup; M. Chomel, les saignées modérées.

docteur Taylor, lorsqu'en parlant du manganèse qu'il
croit faire partie des eaux de Capbern, il dit : « Il est
» quelque peu extraordinaire que le docteur Taylor
» et le docteur Tailhade s'en soient si long-temps tenus
» à des conjectures relativement à cette substance; et
» que, la Géologie et la Minéralogie devant être pour
» beaucoup dans leurs travaux, ils n'aient pas été
» frappés de la présence du Manganèse existant géné-
» ralement dans les Pyrénées, et de l'idée que ce mé-
» tal pouvait entrer dans la composition de ces eaux,
» qui sans cela, seraient simplement salines (1). »

D'abord je ne comprends pas trop ce que, malgré
la mode, ont à voir la Géologie, la Minéralogie et même
la Chimie, dans un traité *médical* sur une eau minérale
quelconque. Quelles sont, en effet, les questions que,
dans un pareil traité, ces sciences, dont la première est
tout-à-fait conjecturale, et la troisième tout-à-fait pro-
visoire, quelles sont les questions, dis-je, qu'elles aient
ou dilucidées ou jugées? Pas une. Et quand il y aurait
dans les Pyrénées plus de Manganèse qu'il n'y en a
encore, quelle liaison cette circonstance pouvait-elle
avoir dans mon esprit ou dans celui du docteur Taylor, avec la présence, dans nos eaux, d'un métal dont
les différents produits sont d'ailleurs si difficilement

---

(1) It is somewhat extraordinary that both D.ʳ Taylor, and D.ʳ Tailhade,
should so long have contented themselves with conjecture, as to what this
substance was, and that as Geology, and Mineralogy, necessarily formed no
small portion of their labour, they should not have been struck with the ge-
neral prevalence of Manganese throughout the Pyrenées, and that by possi-
bility, this mineral might enter into the composition of these otherwise simple
saline springs. Cap. Wat. p. 2.

solubles? Au reste je ne veux pas laisser ignorer au docteur Farr, que des chimistes qui ont, comme ils disent, décomposé nos eaux, sont loin de souscrire à ses prétentions relativement à la minéralisation de ces mêmes eaux par le manganèse. J'ajouterai que cette dissidence me parait bien indifférente, possédant, comme nous la possédons, la connaissance exacte et précise des indications de ces eaux, dans les différents cas où elles peuvent être utiles.

Nous avons dit que les eaux de Capbern jouissaient d'une action telle, sur le système abdominal, que cette action en faisait, dans les maladies qui avaient ou leur siége ou leur cause dans ce système, une spécialité telle que, contre les assertions de l'anonyme, ces eaux étaient sans rivales sous ce rapport. A présent qu'on parte de cette donnée, qu'on peut regarder comme certaine, et que, songeant aux nombreuses et étroites sympathies qui unissent les organes du bas-ventre, avec les autres parties de la machine, on se représente le nombre des maladies où nos eaux peuvent être et sont réellement utiles, et qu'on nous dise si le blâme d'en avoir trop multiplié l'usage saurait nous atteindre. Qu'on nous dise encore, si l'on doit éprouver quelque surprise de voir nos eaux, comme nous les avons vues nous-même, réussir dans la céphalalgie, l'ophthalmie ou simple ou spécifique, dans la couperose, la stomatite, les engouements muqueux du poumon, certains exanthèmes chroniques, certaines douleurs arthritiques, enfin dans une infinité d'affections qui, ayant leur cause dans quelqu'un des organes du bas-ventre, avaient néanmoins leur siége ailleurs.

Si nous nous sommes bien fait comprendre, nous venons d'esquisser les principaux traits qui caractérisent les eaux de Capbern et qui en font, quoiqu'en prétende l'anonyme, un agent bien différent de celles de Bagnères. En effet, leur action puissante sur les organes du bas-ventre leur imprime un cachet de spécialité qu'elles ne partagent pas avec d'autres, au moins dans ce pays, et qui en fait un modificateur à part, tel que, selon nous, la matière médicale n'en possède pas d'aussi précieux dans une foule d'affections chroniques. Au reste cette action des eaux de Capbern est quelquefois si positive (1) que le docteur Taylor nous a conservé l'observation d'un médecin de ses amis, atteint de congestions cérébrales, qui, pour lui donner une idée de l'action de l'eau de Capbern sur les organes, lui disait que, sous son influence, il lui semblait que le sang se portait vers les parties inférieures et lui donnait un sentiment de plénitude et

---

(1) Je dis quelquefois, parce que cette action ne se manifeste pas toujours par les effets qui lui servent de montre, c'est-à-dire par l'augmentation des différentes excrétions. Mais alors, si l'on y regarde de près, on voit qu'elles agissent de toute autre manière, et que leurs effets, pour n'être pas apparents, n'en existent pas moins. Un parisien, M. de Ch.^t, venu à Capbern en juin de cette année 1845, pour des congestions hémorrhoïdales, attestées par des désordres au pourtour de l'anus, a vu ces désordres diminuer notablement sous l'influence de nos eaux, dont l'action sur le système de la veine-porte, a sympathiquement décidé chez lui un sentiment de constriction aux tempes, et des tiraillements très-incommodes sur toutes les parties du corps, à tel point que son sommeil en a été interrompu.

3

de tension dans la région inférieure de l'abdomen et dans celle des reins (1). Il se passe à Capbern dans ce moment (juillet 1845) quelque chose de semblable. Une dame de Paris dont je parle à la p. 34 a éprouvé après le 12e bain, et dans la nuit du 6 au 7, des pesanteurs des lombes, des douleurs des reins, et un battement au rectum tellement forts qu'elle a été obligée de se tenir deux heures hors du lit; à cela s'ajoutait le sentiment d'un poids agissant et poussant vers la partie inférieure du bassin, comme l'éprouvent les femmes en mal d'enfant.

A présent on pourra trouver quelque peu étrange, peut-être, que l'anonyme détermine l'application thérapeutique de nos eaux, en se fondant sur une misérable tradition populaire, et que, partant d'une aussi singulière donnée pour en apprécier l'action dans la pléthore et l'anœmie, il nous dise sérieusement que si cette action est utile dans l'une, elle doit nécessairement être nuisible dans l'autre; comme si jamais quelqu'un s'était avisé de soutenir qu'elle pouvait résulter de deux modes diamétralement opposés!!! Assurément c'est là ce qui s'appelle se créér des monstres pour le seul plaisir de les combattre. Il est vrai que, nous supposant pressés par je ne sais quel dilemme, il ajoute, je pense pour nous tirer d'embarras, qu'on ne peut y échapper (à ce dilemme) qu'en supposant que cette eau n'a d'action que sur les maladies qui dépendent d'une

(1) As if he felt the circulation of the blood to undergo a downward course with a sense of fullness, and tension in the lower abdominal pelvic and renal regions. *On the curat. influ. of the min. wat. of the Pyren.*

répartition inégale du sang dans les différentes parties du corps. Puis il ajoute encore : « Si c'est là ce que » l'on avance, il ne faut pas en faire une spécialité » pour les eaux de Capbern , car cette action est com- » mune à toutes les eaux minérales : on pourrait même » dire à tous les médicaments diffusibles imprégnés » d'une certaine quantité de calorique. » Cela est clair, les eaux de Capbern n'ont rien de spécial; ce sont des eaux comme toutes les autres, et c'est fort heureux qu'il n'y ait pas pis encore. Comme en pareille matière il convient que je ne m'appuie pas sur mon témoignage, on me permettra de citer celui des autres. Je pense que personne ne recusera comme incompétent celui que je vais invoquer. Le docteur Taylor, qui, comme on sait, a long-temps observé les effets des eaux de Capbern , dit, en propres termes, que des eaux qui possèdent, *en seul,* de pareilles propriétés ont droit de prendre un rang important parmi les sources minérales (1), et le docteur Farr qui qualifie leurs effets *d'extraordinaires, d'étonnants;* qui parle de leur action *mystérieuse,* le docteur Farr ajoute : car il est certain qu'aucun autre agent thérapeutique ne saurait remplir le même but; et l'on peut hardiment assurer qu'elles sont sans rivales, comme remède sur et efficace dans une classe circonscrite mais très-importante de maladies (2).

---

(1) Waters possessing then, such unique properties as these, are entitled to take an important rank amongst thermal springs. (*Of the infl. of the, min. wat. of Pyrénées*).

(2) For cetain it is, that no other therapeutic agent, with which we are as

Ainsi donc, d'après ces médecins dont on ne saurait décliner la compétence, et qui n'ont aucun intérêt à déguiser leur pensée, aucun motif pour trahir la vérité, les eaux de Capbern ne seraient pas un agent thérapeutique tout aussi banal qu'on voudrait le faire entendre. Elles auraient quelque chose dans leur manière d'agir, qui les ferait sortir de la foule; quelque chose qui les distinguerait des modificateurs ordinaires, et qui en ferait un moyen à part, qu'on devrait utiliser dans beaucoup de cas, de préférence à d'autres qui ne sauraient offrir les mêmes chances de succès, ni, par conséquent, les remplacer. Voilà comment parlent les faits; et certes ce n'est à personne à travestir leur langage, en lui faisant signifier tout autre chose que ce qu'il signifie en effet.

L'anonyme, après avoir dit qu'il ne fallait pas borner aux eaux de Capbern seulement, la spécialité qu'on leur prête sur les maladies du sang, qui consistent en une inégale répartition de ce fluide, ajoute : « qu'on » doit l'étendre à toutes les eaux minérales et même » à tous les médicaments diffusibles imprégnés d'une » certaine quantité de chaleur ».

Nous venons de voir ce qu'il fallait penser de la première de ces deux prétentions; quant à la seconde; je voudrais bien qu'on me dît où l'on a vu que les diffusibles dont, comme le nom l'indique, les propriétés sont éminemment passagères, soient em-

yet acquainted, will accomplish the shame ends, and they may fairly be said to stand without a rival, as a safe, and efficient remedy, in a circumscribed, butvery important class of diseases. Cap. Wat. p. 3.

ployés, au moins comme moyens curatifs, contre les maladies chroniques, où il est en général nécessaire de modifier profondément l'économie? Quoi! les médicaments diffusibles pourraient obvier à la distribution inégale du sang dans les congestions cérébrales, pulmonaires, hépatiques, précordiales, hémorroïdales etc., etc.? Ils pourraient détruire des obstructions, des phlégmasies, des catarrhes, qui, existant depuis longues années, sont, pour ainsi dire, identifiés avec la constitution? Certes, je conçois qu'on emploie ces moyens dans quelques affections légères; j'admets qu'ils puissent être de quelque utilité dans des maladies qui ont pour élément un excès de sensibilité ou d'irritabilité : dans la douleur, dans le spasme par exemple. Mais il y a loin de là à les mettre en usage ou à vouloir qu'ils soient curatifs dans certaines affections chroniques où il faut des moyens plus énergiques, et par cela même, plus capables de produire un effet plus profond et plus durable.

» Aucune eau minérale, dit encore l'anonyme, ne » peut à la fois provoquer, énergiquement et faible- » ment, la perturbation générale susceptible de ré- » tablir l'équilibre nécessaire à la santé. » Il n'est pas facile de saisir le sens de ce passage. Si l'anonyme a voulu dire qu'une eau minérale ne peut au même instant, et sur le même individu, agir énergiquement et faiblement, il a dit une chose que personne certes ne lui contestera, attendu qu'elle est évidente par elle-même. S'il a voulu dire que, dans des temps différents, dans des sujets différents ou sur le même in-

dividu, une eau minérale ne pouvait agir énergiquement et faiblement, il a dit une erreur palpable, une
erreur qui est non-seulement à la connaissance du
médecin qui sait que l'action des médicaments n'est
pas une chose absolue ; mais qui est encore à la connaissance de quiconque fréquente les eaux minérales ;
attendu qu'il aura nécessairement éprouvé une différence marquée dans leur action, non-seulement dans
des temps différents d'une même saison thermale,
mais encore, dans des heures différentes de la même
journée. — Ainsi donc une eau minérale peut être
faible et forte à la fois, non-seulement chez des sujets
différents, mais encore chez le même individu. Je ne
dis rien de *la perturbation générale* que l'anonyme semble croire être le seul mode par lequel les eaux minérales guérissent, quoique souvent elles y parviennent,
sans ces mouvements tumultueux qui caractérisent
l'action des moyens employés, d'après l'esprit des
méthodes perturbatrices, et je me hâte d'arriver à sa
conclusion.

» Là vérité est que les eaux de Capbern sont faibles.»
Ces quelques mots sont la substance, le résumé de
tout ce qui précède dans l'article de l'anonyme. Ils
signifient, dans son idée, que les eaux de Capbern sont
à peu près inertes, qu'elles sont impuissantes, si ce
n'est dans des cas insignifiants, dans des affections
qui méritent à peine le nom de maladies (1), et qui se

(1) Nous donnons ici les mots affection et maladie comme synonymes,
quoique nous sachions bien qu'ils ne le sont pas. Nous cédons en cela à la
puissance de l'habitude.

résolvent *sans danger* par un travail lent de diffusion, c'est-à-dire par un travail provoqué par les moyens d'une action fugace, éphémère, comme le sont les moyens diffusibles. En vérité c'est juger en matière grave d'une manière bien superficielle et bien irréfléchie. Mais le docteur Taylor et le docteur Farr ont donc révé quand, d'après leur expérience, ils ont proclamé les vertus *précieuses, extraordinaires* des eaux de Capbern; mais le docteur Picqué, homme aussi savant que consciencieux, a donc révé quand, le premier, il a signalé les propriétés de nos eaux ! mais le docteur Peyriga a révé encore, mais le docteur Lousteau a révé aussi !!! Il est vrai que l'anonyme n'était pas tenu de prendre connaissance des opinions de ces médecins; mais, alors, ne peut-on pas lui reprocher, à bon droit, de ne s'être pas mis à même de juger avec connaissance de cause? et si, comme je l'ai déjà déclaré, je ne croyais pas l'anonyme de bonne foi, ne pourrais-je pas dire de lui ce qu'un Père de l'église disait de ses adversaires? » qu'ils lisent avant de nous » mépriser afin de ne pas paraître condamner des » choses qu'ils n'entendent pas, plutôt d'après les ins- » pirations de leur haine que d'après leur raison (1) ».

Mais je doute que l'anonyme se soit rendu bien compte de sa pensée; qu'il l'ait bien analysée lorsqu'il a dit que les eaux de Capbern étaient faibles. En effet, cette faiblesse prétendue n'est pas une chose absolue, mais purement relative; puisque telle eau

---

(1) Legant priùs et posteà despiciant, ne videantur, non ex judiciis, sed ex odii præsumptione ignorata damnare. *Hieronimus adversùs Rusticum.*

qui sera faible, inerte même dans certains cas, sera forte dans d'autres, et que l'action d'une eau minérale, quelle qu'elle soit, comme d'un médicament quelconque (1), est soumise à l'excitabilité individuelle, propriété essentiellement capricieuse, éminemment mobile, je ne dirai pas chez des individus différents, mais encore chez le même individu, et qui fait qu'une eau minérale qui réunit les conditions auxquelles l'anonyme attache sans doute ce qu'il appelle sa force et sa puissance, je veux dire, sa haute température et son abondante minéralisation, qui fait, dis-je, que cette eau sera inerte chez certaines idiosyncrasies qui ne seront pas en rapport avec ses propriétés ; mais il y a plus, et l'on a vu quelquefois, souvent même, une eau abondamment minéralisée et douée d'une grande thermalité, demeurer inactive chez certains malades qui étaient impressionnés par une autre eau qui n'avait pas ces qualités. Ainsi, dire qu'une eau minérale est faible, c'est dire une chose vague, une chose qui n'a pas de sens : c'est ne rien dire en un mot.

Mais peut-être que l'anonyme entend par ces mots

---

(1) Il n'y a pas d'eau dont on puisse dire qu'elle agira infailliblement. Il y a dans ce moment-ci à Capbern un colonel anglais qui n'a encore ressenti aucun effet de ces eaux, quoiqu'il en use depuis douze jours ; tandis qu'une dame parisienne après cinq ou six jours d'usage de nos eaux, a éprouvé sur l'une des moitiés latérales du corps, une éruption prurigineuse tellement forte qu'elle en a perdu le sommeil. Sa femme de chambre a vu ses ordinaires s'avancer notablement après quatre ou cinq jours d'usage de nos eaux. M. le général *** venu à Capbern avec une disposition diarrhoïque qui se révélait par des selles pultacées, a vu ces selles augmenter considérablement et devenir plus liquides, en sorte que je lui ai fait suspendre la boisson.

que *les eaux de Capbern sont faibles*, qu'elles ne produisent pas d'effet sur l'économie : en d'autres termes qu'elles sont inertes. Si telle est sa prétention, il serait bien facile de lui prouver combien peu elle est fondée, ou, pour mieux dire, combien elle est erronée, en lui faisant connaître les nombreuses observations pratiques qui prouvent que nos eaux ont produit des effets si peu communs, que le docteur Farr a pu, à bon droit les qualifier *d'extraordinaires,* et dire que ces effets étaient *étonnants.* Si l'anonyme désire les connaître, j'offre et je prends l'engagement ici, de les lui communiquer, en attendant que je les communique au public ; l'assurant d'avance, qu'il lui sera facile de les contrôler, attendu que j'ai accompagné chaque observation du nom et du domicile du malade. Alors il pourra se convaincre si nos eaux sont réellement faibles, ou si, d'après le sens que sans doute il attache à ces mots, elles sont inertes.

Quoi ! nos eaux seraient faibles et nous les avons vues chez des jeunes gens de 20 ans, fils d'hémorroïdaires, occasionner un flux sanguin, très-abondant, par les vaisseaux hémorroïdaux ; rétablir des hémorroïdes supprimées et faire rendre des demi-pots de sang, produire des pesanteurs des lombes, des coliques violentes, et des boutons au fondement, qui ne disparaissaient que par l'application des sangsues ; résoudre des obstructions du foie énormes et existant depuis long-temps ; produire pendant plusieurs jours de suite, des émissions d'urine (1) et des purgations

(1) Deux verres de notre eau ont, dans la même nuit, fait remplir deux fois son pot à M. le général S. L.

tellement considérables et tellement fatigantes qu'il
fallait suspendre l'usage des eaux ; augmenter si pro-
digieusement les écoulements des catarrhes que les
malades en ont été plusieurs fois effrayés, et qu'ils
n'ont pu être tranquillisés que par nos assurances
réitérées que cette récrudescence était un bien ; faire
rendre, selon l'expression des malades, des fusées de
sable ou de graviers qu'aucun autre moyen n'avait
obtenues ; exciter, sur la périphérie, des éruptions
prurigineuses abondantes et fort incommodes chez
des individus chez lesquels les bains domestiques n'a-
vaient jamais rien produit de pareil ; provoquer, chez
des personnes qui avaient la poitrine délicate, des
toux violentes et des hémoptysies que nous avons eu
quelquefois bien de la peine à modérer ; produire,
chez des personnes nerveuses, des agitations, des tiraillements, des insomnies tels, qu'elles étaient obli-
gées d'avoir recours aux eaux du Bouridé, qui, en
pareil cas, produisent toujours les plus heureux effets ;
amener chez des chlorotiques, dont la maladie était
essentielle, et chez des hémorrhoïdaires dont le sang
était appauvri par des hémorrhagies considérables, une
telle augmentation des symptômes, qu'il fallait suspendre ou abandonner les eaux ; décider enfin une
infinité d'effets qu'il serait trop long de rapporter ici.
Et de pareilles eaux seraient faibles !... Et elles seraient inertes !... En vérité, il faut être tout-à-fait
étranger à leurs vertus ; il faut n'en avoir jamais observé les effets, pour énoncer, à leur égard, des assertions aussi infondées, aussi contraires à l'observation

pratique. Aussi, on nous permettra de citer, à ce sujet, des médecins à qui cette observation n'a pas été étrangère, et qui, appuyés sur les documents qu'elle leur à fournis, ont jugé nos eaux plus favorablement que l'anonyme. Nous nous sommes déjà étayé de l'autorité des Piqué, des Peyriga, de Lousteau : nous allons à present invoquer celle de deux médecins étrangers qui, par cette qualité même, autant que par leurs lumières, méritent au plus haut degré, la confiance de tout le monde.

Nous avons déjà vu que, selon le docteur Taylor, des eaux qui possèdent *en seul* des propriétés comme celles des eaux de Capbern, sont de nature à prendre un rang important parmi les sources thermales. Le docteur Farr parle du pouvoir particulier qu'ont ces eaux, de régulariser la circulation, de faire cesser les congestions des organes, de rétablir, dans leur état normal, les capillaires trop distendus (apéritives, désobstruantes), d'ouvrir une soupape de sûreté chez l'homme et la femme, en évacuant les fluides superflus qui circulent dans le sang; de créer, à travers les reins, une issue pour toutes les matières excrémentitielles dont ce fluide est surchargé, dans beaucoup de maladies, et d'expulser les calculs engagés dans les conduits urinaires (1). Plus loin, en par-

---

(1) Their peculiar powers in regulating the circulation, in removing congestion in every organ, in restoring the over distended capillaries to a state of health, in opening a safety valve in the male, and in the female, to carry off all the superfluous circulating fluid, and in creating an outlet for all excrementitious matters through the kidneys, which that fluid contains in many di-

lant de l'observation du docteur Taylor, relative au médecin de ses amis, il ajoute : « car il est certain qu'au-
» cun agent thérapeutique, connu jusqu'ici, ne saurait
» remplir le même but. » Plus loin, il parle de l'action
qu'on sait qu'elles exercent sur la matrice (1); de leur
contr'indication chez les femmes dont la fibre muscu-
laire est relâchée, dont le sang est trop séreux et qui
ont éprouvé un flux trop fréquent de leurs ordinaires (2). Plus loin encore, il parle de la propriété *extraordinaire* qu'elles possèdent de rétablir la sécrétion
de l'utérus dans son état normal (3). Plus loin, en parlant de l'efficacité de nos eaux contre le calcul de la
vessie, il dit qu'elles ont une autre vertu qui aide à
leur expulsion, à savoir celle de dilater les voies urinaires (4). Plus loin, en rappelant leurs vertus diuréti-
ques, il observe, et je l'ai observé moi-même, que
quelquefois les urines coulent en si grande abondance,
que les malades en sont incommodés et qu'ils éprouvent dans les reins une tension pénible (5); ailleurs,

seases, and for the expulsion of calculi, from the urinary passages. Capbern
Wat. p. 3.

(1) The peculiar power they are known to exercise over the uterine sys-
tem. Cap. Wat. p. 7.

(2) Females who have relaxed muscular fibre, and an undue proportion of
serum in their blood, with a too frequent flow of catmenia, are not in a con-
dition to take these waters. Cap. Wat. p. 7.

(3) The extraordinary action of these waters in restoring the natural, and
healthy secretion of the uterus. Cap. Wat. p. 7.

(4) It may be urged, that these waters have an oter power, which aids their
expulsion, that of dilating the urinary passages. Cap. Wat. p. 10.

(5) Sometimes however the flow of urine is so abundant from their use as to
be distressing to the patient, and cause severe pain in the loins. Cap. Wat. p. 12.

qu'aucune eau ne peut rivaliser avec celle de Capbern pour régulariser la circulation et détruire les congestions (1). Depuis la page 13 de la brochure jusqu'à la page 22, il les préconise contre la goutte. A la page 23, il fait une longue énumération des maladies où il les a trouvées utiles. Ailleurs, le docteur Farr conseille nos eaux aux femmes qui sont dans l'âge de retour, comme pouvant prévenir chez elles, les nombreuses maladies qui sont la suite de cette période de la vie (2). Il les conseille aussi aux hommes parvenus à la période climatérique (3). Enfin le médecin anglais recommande nos eaux, dans certaines maladies de la peau, et surtout dans les dartres (4).

A la page 24 de sa brochure, le docteur Farr parle des contr'indications de nos eaux, et dit qu'elles ne conviennent pas chez les personnes douées d'un tempérament délicat, et qui ont la fibre lâche, ni chez celles qui ont le sang trop séreux ou qui sont d'un tempérament nerveux (5); ce qui est vrai et

---

(1) As regulators of the circulation, and as removers of congestion these waters stand unrivalled. Cap. Wat. p. 12.

(2) To females who are approaching, or have already reached that period which is usually denominated the turn of life, I would strongly recommend these waters, if their catamenia have not altogether ceased, they will cause them to return, and if they have entirely left them, then these waters will open another safety valve, the hemorrhoidal flow. Cap. Wat. p. 25.

(3) If he would defer this period, let him have recourse to the Capbern waters. Cap. Wat. p. 25.

(4) These waters cure also several diseases of the skin particularly those of a tattery kind. Cap. Wat. p. 28.

(5) The waters of Capbern are contra indicated in delicate habits with relaxed muscular fibre, in those who have an excess of serum in the blood, and in persons of a highly excitable and nervous habit. Cap. Wat. p. 24.

qui, pour le dire en passant, contredit formellement l'assertion de l'anonyme qui veut qu'on traite à Capbern des affections nerveuses.

Maintenant, je le demande, doit-on supposer, se peut-il qu'une eau qui a été l'objet de l'attention de gens de l'art du mérite de ceux que je viens de citer, les ait fascinés au point de leur faire confondre un agent inerte avec un moyen efficace? Se peut-il que des eaux dont ils ont suivi, constaté les effets, dans les cas qu'ils rapportent, soient des eaux comme tant d'autres, et qu'elles n'aient rien de spécial? Je laisse à des gens sensés, à des gens non prévenus, à des gens libres enfin, à décider une pareille question. Pour moi, dégagé de toute préoccupation personnelle, étranger à toute influence d'amour-propre ou d'intérêt matériel, je ne crains pas d'avancer, appuyé autant sur l'expérience des autres que sur la mienne propre, je ne crains pas, dis-je, d'avancer, que l'eau de Capbern est une eau spéciale, une eau à part, qui ne peut être remplacée, au moins dans les Pyrénées, par aucune autre eau minérale, par aucun autre moyen pharmaceutique. C'est là plus qu'une opinion que je professe, c'est une conviction profonde que j'éprouve. J'ai cru devoir la manifester, et je pense l'avoir fait avec la sincérité et la franchise qui doivent toujours être l'apanage de l'honnête-homme, et qui conviennent à celui qui, en disant ce qui est, n'a ni le goût ni l'habitude d'imaginer ce qui n'est pas. *Debiendo ser*, ainsi que l'a proclamé l'immortel auteur de Don Quichote : *Debiendo ser los historiadores pun-*

tuales, verdaderos y no nada apasionados; y que ni el
interes, ni el miedo, el rencor, ni la aficion, no les
haga torcer del camino de la verdad. — Don Quix. de
la Mancha, parte 1ª, cap. ix (*).

(*) Les historiens devant se montrer exacts, véridiques et sans passion, en
sorte que ni l'intérêt ni la crainte, le ressentiment ni l'affection ne les fassent
devier du sentier de la vérité.

www.ingramcontent.com/pod-product-compliance
Lightning Source LLC
Chambersburg PA
CBHW032312210326
41520CB00047B/3043